给孩子看的
趣味物理

声音 电 磁 热 能量与能源

叁川上◎编著　　介于◎绘

江苏凤凰科学技术出版社·南京

图书在版编目（CIP）数据

给孩子看的趣味物理 / 叁川上编著；介于绘. —
南京：江苏凤凰科学技术出版社, 2023.4
　ISBN 978-7-5713-3401-7

　Ⅰ. ①给…　Ⅱ. ①叁…②介…　Ⅲ. ①物理—少儿读
物 Ⅳ. ①O4-49

中国国家版本馆CIP数据核字(2023)第004711号

给孩子看的趣味物理

编　　　著	叁川上	
绘　　　者	介　于	
责 任 编 辑	倪　敏	
责 任 校 对	仲　敏	
责 任 监 制	方　晨	

出 版 发 行　江苏凤凰科学技术出版社
出版社地址　南京市湖南路 1 号 A 楼，邮编：210009
出版社网址　http://www.pspress.cn
印　　　刷　天津丰富彩艺印刷有限公司
开　　　本　718 mm × 1 000 mm　1/16
印　　　张　19.5
字　　　数　468 000
版　　　次　2023 年 4 月第 1 版
印　　　次　2023 年 4 月第 1 次印刷
标 准 书 号　ISBN 978-7-5713-3401-7
定　　　价　108.00 元

前言

俗话说得好："不学物理，就不懂道理。"作为世界上最古老的学科之一，物理学揭示了宇宙万物运行的规律，与我们的生活息息相关。

然而，物态、机械、电磁……种种复杂的物理概念不仅孩子理解起来十分困难，就连大人也会头疼。升入初中之后，如何学好物理这门学科，是很多孩子面临的难题。

兴趣是学习的动力！成就感是学习的推力！如果在接触物理学科之前，为孩子埋下"物理非常有趣"的种子，就能提高孩子学习物理的兴趣，拓展孩子的视野，增加孩子的学习广度！物理这门学科，再也不是孩子的短板。

如何走进物理，让物理学习变得轻松有趣呢？

《给孩子看的趣味物理》全书共三册，分为物质及其属性、物态及其变化、力、机械运动、简单机械、光、声音、电、磁、热、能量与能源等11个版块，共110多个物理学知识点，将物理知识"一网打尽"。

本书帮助小读者构建起物理学的基础框架，让小读者轻松打开物理学殿堂的大门。书中通过生活中的实例引出物理概念和物理原理，让小读者对物理学有一个全方位的了解。本书难易程度适应小学生的理解能力，把复杂抽象的物理概念通过具体的、丰富有趣的图画展示出来，让小读者更容易理解和学会物理知识，从而增加对物理的学习兴趣。

本书的特点 •

专设呆萌小猫形象引导阅读，贯穿全书，趣味十足！

生动有趣的漫画小故事，简单易操作的物理小实验

关键词快速了解本节内容

记录阅读日期，培养孩子良好的阅读习惯

④ 如何给物质分类

🔍 物质分类　　　阅读日期　　　年　月　日

名词解释，快速了解物理概念

物理名词对照表

B

标准大气压 /13
由于大气压强不是固定不变的，人们把
101 kPa 规定为标准大气压强。

等离子态 /41
气体电离后，形成的大量正离子和等量
负电子组成的一种聚集态。

E

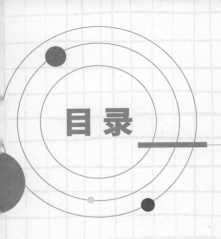

目录

第一章 声音

- 1. 什么是声音 2
- 2. 声音是怎样产生的 4
- 3. 我们是如何听到声音的 6
- 4. 声音的传播 8
- 5. 什么是真空 10
- 6. 声音的吸收 12
- 7. 声音的大小 14
- 8. 森林中的歌唱家 16
- 9. 人耳听不到的声音 18
- 10. 次声波的危害与应用 20
- 11. 谁在学我说话 22
- 12. 声音的多样性 24
- 13. 声音可以灭火吗 26

第二章 电

- 14. 富兰克林的故事 32
- 15. 电是怎样产生的 34
- 16. 噼里啪啦 36

- 17. 小小捣蛋鬼 40
- 18. 生活用电来自哪里 44
- 19. 认识电路板和简单电路 46
- 20. 电路有阻力吗 50
- 21. 别碰！危险 52

第三章　磁

- 22. 手掌为什么能把铁钉吸起来 56
- 23. 秦始皇的"安检门" 58
- 24. 磁体上的"S"和"N"是什么 60
- 25. 磁极间的相互作用 62
- 26. 铁针也可以变成磁体吗 64
- 27. 辨别方向的"神器" 66

第四章　热

- 28. 什么是热 72
- 29. 为什么我们的身体是热的 74
- 30. 为什么热水那么烫 76
- 31. 善于传热的物体是什么 78
- 32. 洒水车为什么要洒水 80

第五章　能量与能源

- 33. 能量的形式、转换和储存 86
- 34. 能源的应用与分类 88
- 35. 煤、石油、天然气是怎样形成的 90
- 36. 能源消耗对环境的影响 92
- 37. 能源与可持续发展 94
- 物理名词对照表 96

闹铃声

第一章
声音

我们的世界离不开各种各样的声音。起床的闹铃声、刷牙声、老师的讲课声……

讲课声

刷牙声

声音是怎样产生的？它有哪些特性？为什么有的声音令人心情愉悦，有的声音却使人心烦意乱？让我们一起来探寻美妙又神秘的声音吧！

什么是声音

声音有形状吗？

是长方形还是正方形？

歌手的声音是电脑画面上的波纹吗？

歌手在录音

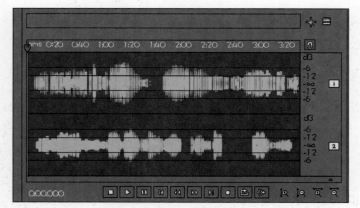

声音的波形图

2

什么是声音?

　　是不是所有的声音,我们人耳都能听到呢?有没有人耳听不到的声音?答案是有的,比如超声波、次声波等。有些动物却可以听到这些声音,如蝙蝠能听到超声波。

　　其实,声音是一种肉眼看不到的机械波。通过一些电子仪器,如 MP3、手机、收音机、电脑等,我们可以了解它的表现形式和运动状态。

MP3

电脑

手机

收音机

各种声音的波形图

2 声音是怎样产生的

🔍 振动发声

阅读日期 　　　年　　月　　日

声音是怎样产生的？

拨一下吉他弦，观察弦的变化；边说话边用手摸着喉咙，你感觉到了什么？

说话时，声带在振动；拨动吉他、小提琴、竖琴、古筝、二胡的琴弦，它们发出悦耳的声音；敲打鼓面，鼓面振动并且发出声音；吹笛子，可以看到笛膜在振动……发声的物体都在振动。因此，我们说声音是由物体的振动产生的。

物理学中，把**正在发声的物体叫作声源**。

魔鬼城里的风声

　　风是空气流动产生的，当风的速度较大且从相对狭小的空间穿过时，空气会因为振动而产生声音，我们就能听到呼呼的风声。

　　在我国的新疆地区，有一个地方叫"魔鬼城"。这里一年四季狂风不断，最大风力可达 12 级。每当狂风骤起，城内飞沙走石，天昏地暗，狂风穿梭在沙土城中，不时发出凄厉的声音，听到风声的人仿佛听到魔鬼在咆哮一般，因此其得名魔鬼城。

3 我们是如何听到声音的

🔍 **耳朵**

　　耳朵分为外耳、中耳、内耳三部分。伸手就能摸到的耳朵是外耳的一部分——耳郭。外耳包括耳郭、外耳道、鼓膜。

　　声音经过外耳道到达鼓膜，会使鼓膜振动。这种振动信号经过听小骨及其他组织又传给听觉神经，听觉神经把信号传给大脑，我们就听到了声音。

　　耳郭：耳郭的上方大部分以弹性软骨为支架，外面有皮肤包裹。耳郭有收集声音的作用。

　　鼓膜：鼓膜也叫耳膜，是一种半透明的薄膜。

　　鼓室：鼓室是一个不规则的小气腔，也是中耳的主要组成部分。

　　咽鼓管：咽鼓管是沟通鼓室与鼻咽部的通道，主要功能是引导鼻咽部气体进入鼓室，以维持鼓膜两侧压力平衡。

　　耳蜗：耳蜗里充满淋巴液，能将声音的振动传给听神经。

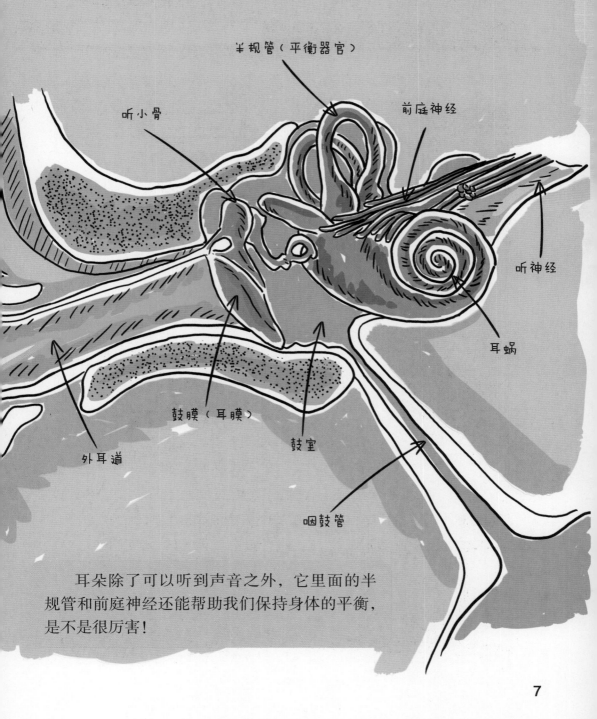

半规管（平衡器官）

听小骨

前庭神经

听神经

耳蜗

鼓膜（耳膜）

鼓室

外耳道

咽鼓管

　　耳朵除了可以听到声音之外，它里面的半规管和前庭神经还能帮助我们保持身体的平衡，是不是很厉害！

4 声音的传播

老师在讲台上讲课，我们在讲台下为什么能听到声音？

人在岸上说话，水中的鱼儿为什么会被吓跑？

即使隔着一扇窗户，为什么我们也能听到对方讲话？

在物理学中，**能传播声音的物质叫作介质**。空气、水、玻璃、金属等物质都是能传播声音的介质。

那么，在什么样的条件下声音不能传播呢？一起来做个实验吧！

小实验：声音的传播

① 准备一个正在响的闹铃。

② 用玻璃罩把它扣住。

③ 我们依然可以听到闹铃的声音。

④ 把玻璃罩内的空气一点一点抽走，使其接近真空的状态。

⑤ 随着空气被抽走，声音变得越来越小，直到听不到。

这个实验告诉我们：声音不能在真空中传播。

现在我手里搬着一箱苹果.

假如我把里面的苹果都拿出来……

看,箱子是不是空了?

可我不认为它是空的!

为什么呢?

因为箱子里还有空气呀!空气里有氧气、二氧化碳、氮气、水蒸气等物质,怎么能说是空的呢?

你赢了!

如果把装满苹果的箱子比作地球,苹果是空气,当我们把地球中的空气拿走,地球空间所呈现的状态就是真空。

什么是真空？

当箱子里没有苹果，我们就说箱子空了。同样的道理，当一个空间里面没有空气或者气压远小于标准大气压，我们就说它是真空的。

在自然环境里，只有外太空是最接近真空的空间。因此宇航员必须穿上专门的宇航服，才能在外太空生存。

声音透过一些介质时，比如布、木头、塑料、金属等，不会完全地传播到其他空间，有部分被反射，还有一些被消耗掉，这就是声音的吸收。声音被吸收后，会变小。

日常生活中，有些地方需要消音，不能让声音影响他人，比如乐队排练室或电影院。

乐队室内表演

电影院的隔音墙除了减弱声音，也能减少回音。

电影院

乐队排练室装修时会在墙内外增加各种隔音材料，如海绵、泡沫、石膏板、隔音毡等。有了这些材料，就能把噪声控制在室内，不影响室外的人了。

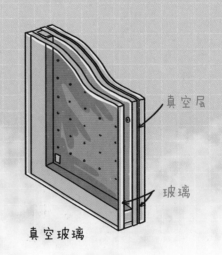

石膏板

低频吸音棉

石膏板

隔音墙

现在，有些家庭为了不受室外噪声的打扰，会在窗户上安装真空玻璃。因为真空不能传声，所以真空玻璃能很好地阻止噪声的传播。

真空玻璃通常由两片平板玻璃组成，中间为真空层。

真空层

玻璃

真空玻璃

奥菲尔德实验室

生活中总是充斥着各种各样的声音，我们可能会被这些声音干扰。但有一个地方，可以为我们提供非常安静的环境。

在美国，有一个叫奥菲尔德的实验室，这个实验室的消音度达到 99.99%。当人站在里面，除了自己身体发出的声音，如心脏的跳动声、牙齿的摩擦声，甚至血液流动的声音，你听不到任何其他的声音。

🔍 响度　　　　　　　阅读日期　　　　　年　月　日

只要我们用心寻找，任何一种事物都有它独特的性质，声音也不例外。

声音的特性有三个：响度、音调、音色。

响度

轻轻击鼓，鼓发出的声音很小；重重击鼓，鼓发出的声音就很大。

在物理学中，**声音的大小被叫作响度，也叫音量。**

拿起身边的时钟，放到耳边，能听到时钟的指针走动的声音；把时钟放在远一点的地方，声音就听不到了。时钟的声音是一样的，但是距离不一样，我们听到的声音的大小就发生了改变。可见，响度和人与声源的距离有关，距离声源越远，听到的声音越小，也就是响度越小。

嘀嗒 嘀嗒 嘀嗒……

现在我们借助仪器,轻重不同地敲一下音叉,观察不同响度下声音的波形。

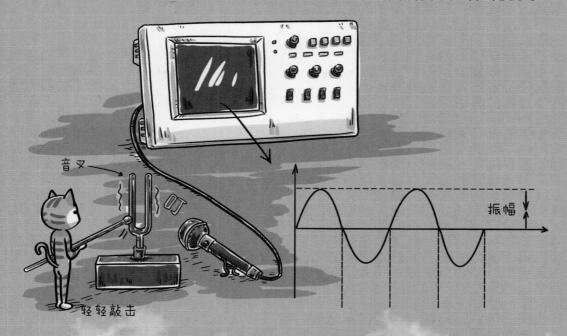

音叉

振幅

轻轻敲击

从上下两个实验可知,轻击音叉时,声音的波形比较缓,即振幅小;而重击音叉时,声音的波形比较陡,即振幅大。可见,响度还与声音的振幅有关,振幅越大,响度也就越大,听到的声音越大。

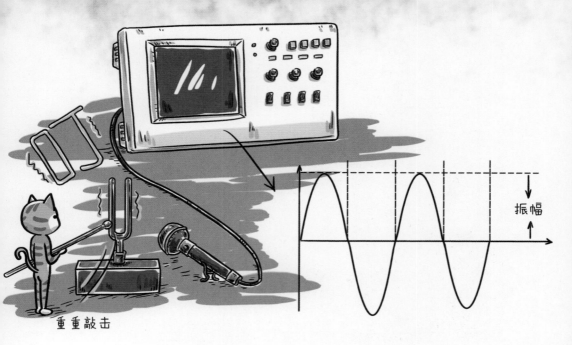

振幅

重重敲击

8 森林中的歌唱家

音调

唱歌时，歌声有高音和低音之分，这里**声音的高低叫作音调**。

1 2 3 4 5 6 7 i

音调是由声源的"振动快慢"决定的。声源振动快，音调就高；声源振动慢，音调就低。

音调
高　　　　　　　　　　　振动快
　　　　　　　　　　　　频率高

音调
低　　　　　　　　　　　振动慢
　　　　　　　　　　　　频率低

频率是单位时间内完成周期性变化的次数，单位为赫兹，简称赫，符号为 Hz。如果一个物体在 1 秒内振动 100 次，它的频率就是 100 赫。

人耳能听到的声音频率范围是 20 ~ 20 000 赫。

16

音色

　　不同的乐器在演奏同一首曲子时，我们仅听声音就能知道哪一种声音是由什么乐器演奏的。这是因为，不同的乐器由于材质、结构、形状的不同，会形成只属于自己的独特声音，这种声音特色叫作音色。

人耳听不到的声音

前面提到过，有些声音比如超声波，人耳虽然听不到，但一些动物，比如蝙蝠、海豚能听到，这些也是声音。那超声波是什么呢？

频率高于 20 000 赫的声波叫超声波。

蝙蝠的超声波

蝙蝠是动物界中唯一会飞行的哺乳动物，通常只在夜间出来活动、觅食。难道是因为蝙蝠的视力很好吗？其实，蝙蝠的视力和我们差不多，之所以能在夜间活动和觅食，是因为它不是靠看，而是靠听！

蝙蝠飞行时，喉咙发出超声波，这些声波碰到墙壁或昆虫时反射回来。根据回声到来的方位和时间，蝙蝠就可以确定目标的位置了。

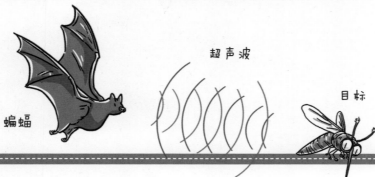

蝙蝠　　　　　　超声波　　　　　目标

超声波的应用

　　超声波的波长很短，但是穿透能力强、容易集中，可用于清洗、碎石、杀菌消毒等。在医学、工业等领域，超声波应用广泛。

声呐

　　超声波还有很强的方向性，根据这个特点，人们发明了声呐装置。声呐不仅可以发现潜艇、鱼群等水下目标，还可以测绘海底的地形。

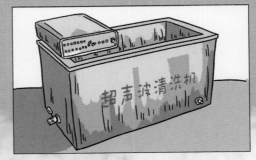
超声波清洗机

　　超声波能使清洗液产生剧烈振动，从而达到去污效果。根据这个特点，人们制成了超声波清洗机。

　　超声波的方向性体现为反射性强，遇到物体容易产生反射，可以更清晰地反馈所遇物体的轮廓。因此，医生会用B型超声波诊断仪为孕妇做产前检查。诊断仪向人体内发射超声波，然后接收从体内返回的反射波，并把反射波携带的信息显示在电脑屏幕上，医生就可以了解胎儿当下的状况。

B超

宝宝的情况很好哦！

19

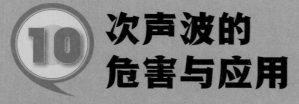

10 次声波的危害与应用

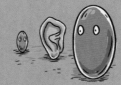

次声波

频率低于 20 赫的声波叫作次声波。

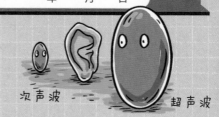

次声波　　　超声波

地震之前，很多动物表现出慌乱的样子，蛇会出洞，鸡飞狗跳……但是我们人却没有什么感觉。这是为什么呢？

这是因为地震会产生次声波，这个声音人是听不到的，而一些动物可以听到。一起来看看人和常见动物能听到的声波频率范围吧！

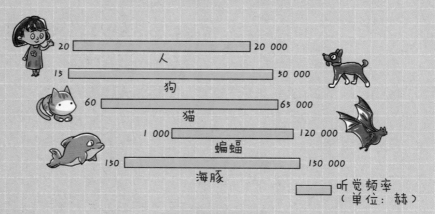

人	20 — 20 000
狗	15 — 50 000
猫	60 — 65 000
蝙蝠	1 000 — 120 000
海豚	150 — 150 000

听觉频率
（单位：赫）

除了地震，海啸、火山爆发、龙卷风、泥石流等自然灾害发生时可能伴有次声波。在一些特殊的人类活动中，如核爆炸、火箭发射、轮船航行、车辆奔驰、大楼倒塌、机器运转等，也能产生次声波。

20

次声波的危害和应用

　　某些频率的次声波和人体器官的振动频率相近，当这些次声波进入人体后，会引起内脏的"共振"，从而使人出现头晕、恶心、烦躁、耳鸣等症状，严重时可致人死亡。

　　除了危害，次声波对我们的生活也是有帮助的，比如预测自然灾害。因为自然灾害发生时会产生次声波，所以利用仪器探测到次声波，发出警报，我们就能提前做好防备了。

次声波

地震监测仪

水母身体里的报警器

　　水母的身体内有一套预测风暴的报警系统。它的共振腔里长着一个细柄，柄上有个小球，小球内有一块小小的听石。当远处风暴产生的次声波冲击听石时，听石就刺激球壁上的神经感受器，于是水母就听到了正在来临的风暴的隆隆声，从而第一时间游向深海避难。

　　科学家根据水母预测风暴的方式，设计出一种灵敏的风暴警报仪——水母耳。

共振器

电压放大器

指示器

水母及水母耳的工作原理

山洞里传来和你同样的说话内容，广播总是重复两遍……生活中，你有没有遇到过这类事情？

什么是回声?

    声音在传播的过程中,遇到某些物体(比如墙壁)会被反射回来。反射回来的声音与原声高度相似,好像在学原声说话,这种现象叫作回声。

回音壁的秘密

    北京天坛公园中,有一栋建筑叫皇穹宇。皇穹宇周边有圆形围墙,叫回音壁,其表面比较光滑,非常有利于声音的反射。在回音壁的圆心处,有一块铺在地面的石板,有时候,人站在上面拍手或喊一声可以听到三次回声,因此人们把它叫作三音石。

皇穹宇

三音石

回音壁

    适量的回声可以使发出的声音更饱满、优美。利用这个特点,人们发明了混响音响。混响音响主要用于音乐厅、录音棚、大型晚会等地方。

音响

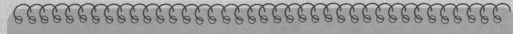

12 声音的多样性

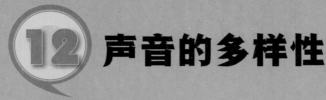

🔍 乐音与噪声

阅读日期 ___年___月___日

　　声音是多种多样的。音乐发出的声音让人沉浸其中，不管是悲伤的还是开心的，都好听。这类听起来和谐悦耳的声音叫作乐音。物理学中，**振动起来有规律的、单纯的，并且有准确音调的声音，我们称之为乐音**。

　　生活中，凡是严重干扰人们休息、学习和工作的声音都叫噪声。物理学上，**噪声是指发声物体在做不规则振动时发出的声音**。

乐音：音乐

乐音：大自然的声音

噪声：锯木头的声音

噪声：钻墙的声音

弹得真好听！

啪啪

噪声严重干扰人们的休息、学习和工作

外面的车辆太吵了！

乐音让人心情舒畅

乐音在生活中的作用

生活中处处离不开乐音。

好听的歌声、舒服的乐器声、孩子们的朗读声、大自然中的鸟鸣声……乐音与我们的生活息息相关，有了它的存在，我们的世界才更加丰富，更加富足。

健身

舞蹈

唱片

餐厅里吃饭

噪声污染

噪声污染通常是人为造成的，它已经成为危害人类健康生活的重大污染之一。汽车的声音、工地的声音、装修的声音等都可能给我们的生活造成很大的影响。噪声污染不仅损伤我们的听力，而且会引发多种疾病，严重影响学习、工作。

噪声

嘀嘀　　嘀嘀

房屋着火了，我们会寻找水来救火。因为水是不可燃物质，它接触着火的房子（可燃物）时，能让可燃物迅速降温，当温度低于可燃物的着火点，火就灭了。

嘴巴可以吹灭蜡烛。这是因为从嘴巴里出来的气流能使火焰周围的温度迅速降低，直到低于着火点。

除了降低可燃物的温度来灭火，还有阻隔氧气、取走可燃物等灭火方法。比如炒菜锅起火，快速盖上锅盖阻隔氧气进入锅里，可达到灭火的效果。

但是，你知道声音也能灭火吗？猜一猜，声音灭火符合以上哪一种灭火原理？

小实验：用声音灭火

1. 用钉子在薯片筒的底部钻一个小孔，见图1。

2. 点燃蜡烛，见图2。

3. 接着将小孔对准蜡烛，弹击薯片筒的另一面，见图3。

4. 瞧，火焰熄灭了！这便是声音灭火，见图4。我们也可以用易拉罐、矿泉水瓶等代替薯片筒多做几次实验。

准备材料：
一个薯片筒、一根蜡烛、一个打火机、一根铁钉。

实验原理： 弹击薯片筒底部会产生声波，特定频率的声波隔绝了氧气和蜡烛的接触。没有了氧气，蜡烛自然熄灭了。

图1

图2

图3

图4

我们把纸张卷成纸筒对着小伙伴说话，声音被听得更清楚！这是因为声音被限制在一个比较小的圆柱形区域内，纸筒防止了声音的扩散，从而使声音的响度更大。

27

准备一个装有可燃性气体的金属箔，和音响放在一起。金属箔的两端有橡胶膜，上部是出气孔。

注意，本实验有一定的危险性，小朋友要在爸爸妈妈的陪同下操作。

橡胶膜

出气孔

① 音响

准备一个金属箔，里面装有可燃性气体。

用打火机点燃金属箔，从出气孔冒出的火焰是这样的。

②

把声音的频率调到 344 赫时，火焰又是这样的。

③

来回调整声音频率的大小，你就能看到奇特的"火焰舞"了！

把声音的频率调到 969 赫时，火焰的样子又发生了改变。

④

实验原理： 不同频率的声波波形不同，造成传播声音的介质——空气呈现出不同的形状，因此火焰的形状也随之产生各种各样的变化。

1. 将盛有水的碟子放在音响附近。

2. 打开手机（手机须连通音响）并播放音乐，你就能看到水动起来了。如果音响声音比较大，而水离音响更近，水就会像喷泉一样跳起来。

3. 如果在水中加入颜料，效果会更好哦！

准备材料：
音响、手机、颜料、盛着水的碟子。

实验原理： 这个实验让我们知道，声音也是一种波，声波引起了水的振动。

颜料

音响

手机

碟子，里面有水

未加入颜料时　　　加入蓝色颜料时　　　加入红色颜料时

如何通过敲西瓜的声音来辨别生熟？

你学会了吗？

嘟嘟　　生瓜

咚咚　　熟瓜

噗噗　　过熟

输电网

手机充电

台灯

电视

电磁炉

"当心触电"标志

第二章
电

电究竟是什么？它从哪里来？是怎样产生的？为什么对我们如此重要？本章将解开这些谜题，带你进入电的世界。

我们的生活和电息息相关。

14 富兰克林的故事

在古时候，人们就发现用毛皮摩擦过的琥珀能吸引一些绒毛、秸秆等质量较轻的物体。后来有人发现，很多物体都会因为摩擦而带电，就把这种方式叫作摩擦起电。

毛皮摩擦琥珀　　　　　　　　　　琥珀吸起了绒毛

美国科学家富兰克林通过实验发现，雷电的性质与摩擦产生的电的性质完全相同，并命名了正电荷和负电荷。

我们一起来看看富兰克林的实验吧。

富兰克林的实验

本杰明·富兰克林，美国著名的物理学家，曾进行过多项关于电的实验。当时，人们还不知道电是什么，他却对电产生了浓厚的兴趣，为了看清"电"的真面目，做了一系列的实验。

其中，最著名的是费城电风筝实验。

① 富兰克林一直想弄清楚"雷电"与"静电"的关系。

② 终于，他等到了一个有雷电的下雨天。

③ 他拿着事先准备好的带着金属钥匙的风筝去了户外。

④ 结果雷电被引到钥匙上，钥匙上的雷电被富兰克林证明就是电。

15 电是怎样产生的

🔍 电　　　　　　　　　阅读日期　　　　年　月　日

电是什么？

电是一种自然现象，是一系列与电荷特别是电子流动有关的现象。我们不能直接观察到它，只能看到放电时伴随的现象。比如，雷电就是大气中发生放电时伴随的强烈闪光现象。

那什么是电子呢？生活中我们常见的物质都是由分子或原子构成的，而原子是由原子核（带正电荷）和核外电子（带负电荷）构成的。原子核又是由质子（带正电荷）和中子（不带电荷）构成的。

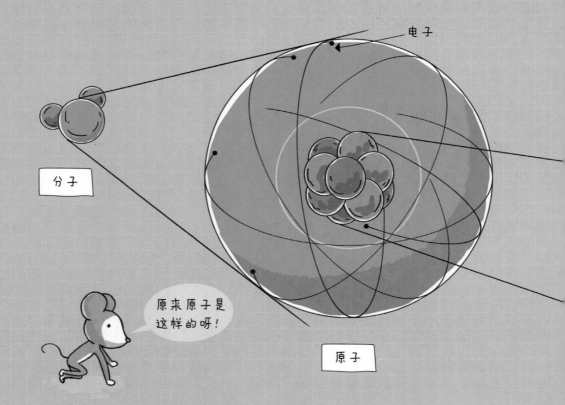

电子

分子

原来原子是这样的呀！

原子

物体为什么有电？

通常情况下，原子中的电子数和质子数是相同的，正负抵消，所以物体呈现不带电状态。

但是，比如像丝绸和玻璃棒摩擦，玻璃棒的原子核束缚电子的本领弱，它的一些电子就会转移到丝绸上。失去电子的玻璃棒就带正电，得到电子的丝绸就带负电。这就是摩擦起电的原因。

金属导线为什么带电呢？这是因为金属中原子的外层电子往往会脱离原子核的束缚而在金属中自由运动，这种电子叫自由电子。当这些自由电子因为某种原因发生定向移动时，电就产生了。

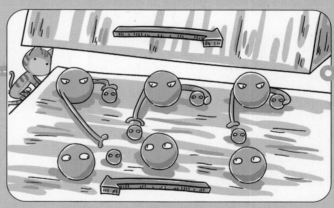

金属导电

中子

质子

原子核

摩擦起电

16 噼里啪啦

物理学中，把处于静止状态的电荷或者不流动的电荷叫作静电。冬天，有时我们伸手触摸金属门把的一刹那，突然听到"啪"的一声，手被电了一下，这是因为我们人体带了静电，手和金属门把接触时，人体的静电突然释放了。

原子结构示意图

也许你会问，既然所有的物体都有电荷，为什么我现在摸课本、摸门把手没有被电到呢？主要原因是，正电荷和负电荷没有发生转移，它们各自待在各自的位置没有动。

36

小实验一：碎纸被吸起来了!

1. 将吸管放在碎纸上空，但不碰到碎纸，观察碎纸状态：碎纸不动。如图 1。

2. 用餐巾纸摩擦吸管。如图 2。

3. 将摩擦后的吸管放在碎纸上空，观察碎纸状态：碎纸被吸管吸起来了！移动吸管，可以吸起更多的碎纸。如图 3。

实验表明：摩擦产生静电。

准备材料：
餐巾纸、吸管、一些碎纸。

图 1

图 2

图 3

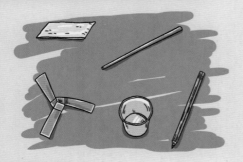

准备材料：
纸杯、铅笔、餐巾纸、吸管、纸风车。

1. 将铅笔穿透纸杯底部，纸杯口朝下放在桌面（操作的时候要记得注意安全哦）。

2. 将纸风车盖在铅笔上。

3. 将吸管放在纸风车旁边，观察纸风车的状态：纸风车不动。

4. 用餐巾纸摩擦吸管。

5. 将摩擦后的吸管放在纸风车旁边，观察风车的状态：纸风车转了起来！

实验原理： 这是由摩擦引起的静电现象！

小实验三：泡泡跟着吸管走了！

准备材料：

泡泡液（用洗洁精加水即可配制而成）、水盆、吸管、餐巾纸。

1. 将泡泡液倒进水盆里。

2. 用吸管在泡泡液上吹出一个泡泡。

3. 将吸管放在泡泡旁边，观察泡泡的动态：泡泡不动。

4. 用餐巾纸摩擦吸管。

5. 将摩擦后的吸管放在泡泡旁边，观察泡泡的动态：泡泡跟随吸管动了起来！

实验原理： 摩擦产生静电。

17 小小捣蛋鬼

静电的危害很多，它的第一种危害是带电体的相互作用。

飞机在空中飞行时，机体会同空气、水汽、灰尘等微粒进行摩擦，使飞机带静电，如果不采取措施，静电会严重干扰机内无线电设备的正常工作。

在印刷厂，纸张之间的静电会使纸张粘在一起，难以分开，给印刷人员带来麻烦。

在制药厂，由于静电吸引尘埃，会使药品达不到标准的纯度。

电视、电脑等屏幕的静电容易吸附灰尘和油污，形成一层尘埃薄膜，使图像的清晰度和亮度降低。

有时，手靠近电视屏幕，能听到噼里啪啦的响声，这也是静电现象。

静电的第二大危害是容易引起易燃、易爆物品的燃烧或爆炸。

麻醉剂属于易燃、易爆物品。在医院，如果医生在身上带有静电的时候为病人注射麻醉剂，极有可能引起燃烧或爆炸，从而伤害到医生和病人。

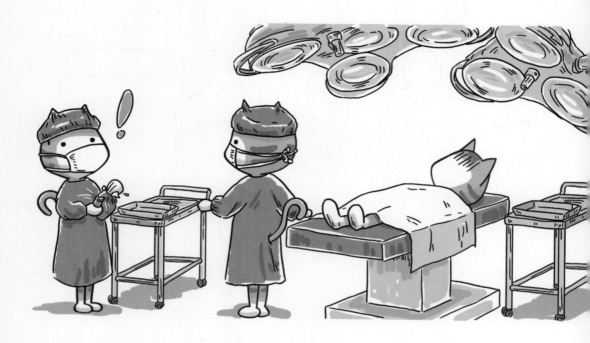

煤矿开采现场，静电火花会引起瓦斯爆炸，导致工人死伤，矿井报废。

怎样防止静电？

加油站的工作人员在加油前会触摸静电释放器。

油罐车在行驶过程中，罐内的油和油罐内壁发生摩擦而产生静电；轮胎和地面也会摩擦产生静电，静电积累过多就有可能引起火花，火花遇到油，就会引起爆炸和火灾。

为了解决这一问题，油罐车尾部常常接一根拖地的铁链，这根铁链将静电导入地下，保障油罐车的安全。

日常生活中，勤洗手、洗澡或用湿布擦拭易起静电的金属物等，都能够有效地防止静电。

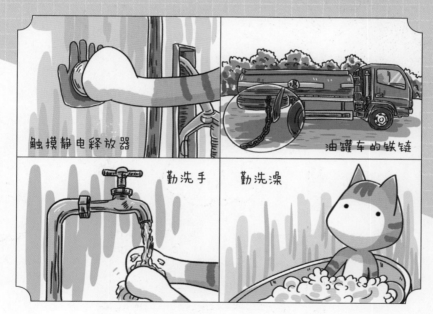

触摸静电释放器

油罐车的铁链

勤洗手　勤洗澡

对于静电这一隐蔽的捣蛋鬼，只要摸透它的脾气，也能让它为人们服务。例如：静电印花、静电喷涂、静电植绒、静电除尘、静电分选技术等。

静电印花

此外，静电在淡化海水、喷洒农药、人工降雨、低温冷冻等方面也有很多贡献。

18 生活用电来自哪里

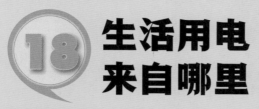

🔍 电能

我们的生活离不开电。这些电是从哪儿来的呢？

其实，电来自发电厂。发电厂利用涡轮机等机器把水能、风能等其他形式的能量转化为电能。

发电厂产生的电进入输电网中，电流沿着输电网"奔跑"，分散到全国的各个角落。

当电流到达家里时，也许你并不知晓。但是打开电灯的一瞬间，电能转化为光能，整个房间被照亮！

19 认识电路板和简单电路

阅读日期　　　　年　月　日

电路，简单来说就是电行走的路。电源、用电器、导线，往往还会有开关，组成了电流可以流过的路径。

试试能不能修好？

手机打开了，原来里面是一块电路板呀！

大多数电子产品都有电路板。没有电路板，电子产品就无法工作。观察电路板，我们能看到绿色的板面上密密麻麻分布着许多线路，那就是电路。

电流沿着预先设计好的路线在电路板的元器件中流动，从而完成工作。

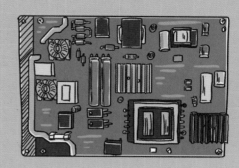

电视机及其电路板

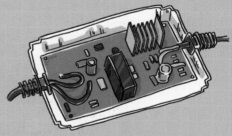

电动玩具车及其电路板

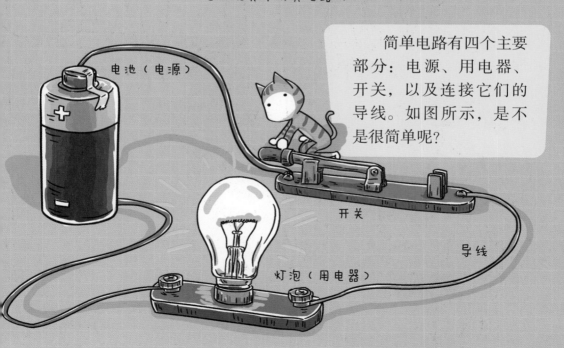

电池（电源）

简单电路有四个主要部分：电源、用电器、开关，以及连接它们的导线。如图所示，是不是很简单呢？

开关

导线

灯泡（用电器）

公路有顺畅、拥堵、维修等状况，电路也会遇到这些问题吗？其实电路和公路一样，也有类似的三种状态：通路、短路和断路。

人们把**正常接通的电路，即用电器能够正常工作的电路叫通路。**

通路

电路中如果一个地方被切断，就不会有电流流过，我们把这种情况叫断路。

不仅仅是断开开关，导线没连好或者灯泡的灯丝断了导致电路里没有了电流，都叫作断路。

断路

直接用导线将电源的正、负极连接起来，这种情况叫短路。

短路时，电路中的电流很大。在生产和生活中，一旦发生短路，轻则会造成电路故障，重则将烧毁用电器，甚至引起火灾。

短路

20 电路有阻力吗

🔍 电阻　　　　　阅读日期　　年　月　日

　　飞机在空中飞行，会受到空气的阻力；水在水管中流动，会受到管壁的阻力。同样地，电在导体中移动也会受到导体的阻力。**导体对电流的阻碍作用叫作电阻。**

　　电阻是什么？回答这个问题之前，我们先用粗细不同的水管做一个试验。观察下图，一样大的水缸，一样多的水，粗水管的出水量比细水管的大。

电阻的大小与导体的粗细有关。

没错，在其他条件相同时，导体越粗（横截面积越大），电阻越小。

此外，电阻还与导体的长度、导体的材质、温度等有关。

如图甲、乙所示，在其他条件相同时，图甲的电流表示数大。这说明导体越短，电阻越小（电阻小了，通过的电流就大，所以电流表示数大）。

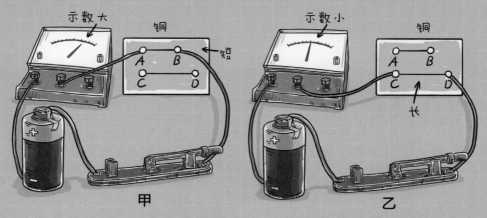

甲 乙

如图丙、丁所示，在其他条件相同时，图丙的电流表示数大。这说明电阻的大小还与导体的材质有关（银的导电性比铜的导电性好）。

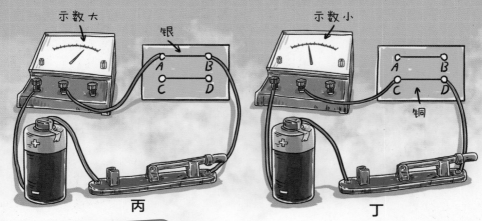

丙 丁

我想知道得更多

科学家发现，某些物质在很低的温度，如铝在 -271.76 ℃以下，铅在 -265.95 ℃以下时，其电阻为0。可见，导体电阻的大小还与温度有关。

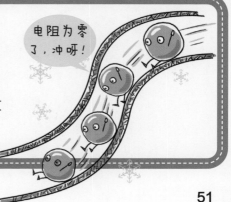

㉑ 别碰！危险

🔍 **安全用电** 　　阅读日期　□ 年 □ 月 □ 日

电不仅能在夜晚给我们带来光明，还能使机器运转，为我们的生活带来极大的便利。但是，如果不注意用电安全，则可能发生触电事故。

人体允许通过的交流电流不大于 10 毫安，也称人体安全电流。大多数情况下，1 毫安以上的交流电流通过人体，人体会有感知；如果电流超过 25 毫安，我们就没办法自己摆脱电流；电流达到 50 毫安，人会有生命危险。

52

怎样才能防止触电，保证安全用电呢？

① 户外，远离高压电。

② 接触用电器前要做好防护措施：戴绝缘手套，搬动电器前断开电源。

③ 不要用湿手去触摸已通电的插座。

④ 通电的插座放在不易被幼儿触摸的地方。

遇到触电的人怎么办？

遇到有人触电，在没做防护措施之前，千万不要向他走过去，更不能直接用手去拉他。

正确做法：①大声呼救，找大人来帮忙。②切断电源。③找一根干燥的长木棍将导电体挑开。④拨打救援电话120。

电磁铁

磁悬浮列车

指南针

磁体

极光

第三章

磁

吸铁石为什么能吸住铁？
指南针为什么总指向南方？电
动机为什么能转动？磁悬浮列
车是什么？极光又是什么？

本章将解开这些谜题，带你进入奇妙的磁世界！

22 手掌为什么
能把铁钉吸起来

🔍 **磁体**　　　　　阅读日期　　　年　月　日

　　中国古代很早就有关于磁体的记载，只不过那时候叫磁石。《山海经》中记载，在北山的北边，有一条河，河水中有很多磁石。磁石是一种天然矿石，具有吸引铁等一些金属物质的属性。

　　我们看下磁体的小妙用！

手掌为什么能把铁钉吸起来？难道他会某种功夫吗？答案当然是"否"！

奥秘就在手套里。瞧，里面藏着一块磁体，原来是磁体把铁钉吸起来的。

什么是磁体？

具有磁性的物体叫磁体，分天然磁体和人造磁体两种。天然磁体是地球内部的磁场使某些天然物质具有磁性形成的。

磁体也分为"永久磁体"与"非永久磁体"。一般我们见到的磁体是永久磁体，而非永久磁体主要是电磁铁。

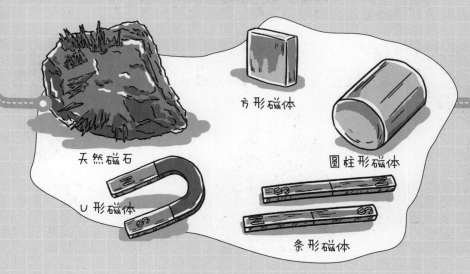

天然磁石

方形磁体

圆柱形磁体

U形磁体

条形磁体

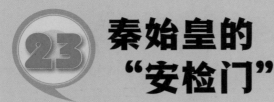

23 秦始皇的"安检门"

🔍 磁体的应用　　　　阅读日期　　年　月　日

　　春秋战国时期，诸侯混战，大家都想统一华夏做最后的赢家。到了后期，秦国的战力值明显高于其他几个国家。眼看自己的国家要亡国，有人给燕国的太子出主意，派刺客去刺杀秦王嬴政。

　　刺客荆轲带着匕首去刺杀秦王，但是失败了。最后秦王嬴政打败了六国，建立起中国第一个封建统一王朝——秦。

传说，"荆轲刺秦王"事件发生后，秦始皇命人在皇宫里安装了一扇"安检门"。这个门很神奇，任何带兵器的人想要从它面前经过都会被吸住。

"安检门"便是根据磁体能吸引金属的这个特点而制成的。

哈哈，这下我放心多了！

24 磁体上的 "S" 和 "N" 是什么

磁极与磁场

阅读日期　　　　年　　月　　日

你发现了吗？很多磁体上都有 "S" 和 "N" 两个英文字母，这两个字母是什么意思？其实，它们表示的是磁体的磁极。一个磁体无论多么小都有两个磁极，一个指向南方，另一个指向北方，指向南方的叫作南极（S 极），指向北方的叫作北极（N 极）。

磁极是指磁体上磁性最强的部位，这两个字母附近磁体的磁力是最强的。不信，我们一起来做一个试验。

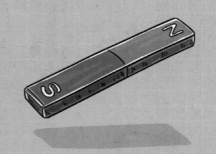

在 U 形磁体字母处挂了 5 个砝码，砝码依然被牢牢地吸住。而在 U 形磁体的拐角处，只能挂 3 个砝码。可见，U 形磁体拐角处的磁性弱于字母处。

什么是磁场？

将铁屑均匀地撒在玻璃板上，再将玻璃板放置在磁体的上方，然后轻轻敲打玻璃板，能看到铁屑变成一圈一圈的。

从小实验的结果可以看出，**磁体周围存在着一种看不见、摸不着的物质，我们将其叫作"磁场"**。

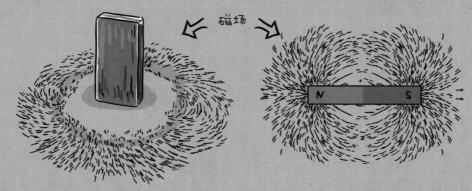

磁场

我们赖以生存的地球，是一个巨大的磁体。它不仅有磁极，还有磁场，且对万物的影响巨大。极光是太阳风与地球磁场相互作用的结果；鸟类在迁徙途中不会迷失方向，也和地球磁场有关。如果地球磁场消失，指南针将无法工作，而且绝大多数生物会死亡。

司南——古代辨别方向的仪器

把针在磁体上摩擦几下，可以做成一个指南针哦！

沈括——北宋科学家

指南针

应用在航海中的罗盘

25 磁极间的相互作用

把一块磁体的 S 极对准另一块磁体的 N 极，它们会吸在一起。

但是把 S 极对准 S 极或者把 N 极对准 N 极，不仅不会吸在一起，还会互相排斥。这种现象是磁体的另一个特点：同极相斥，异极相吸。

冰箱门的内外装有异极磁体，异极磁体可以很容易地把门吸到冰箱箱体上。这样的好处是不开门的时候能够使门保持密封状态，防止冷气外泄。

磁悬浮列车的秘密

磁悬浮列车是一种速度快、经济、无污染、低能耗的现代化交通工具，时速达到 600 多千米。是什么让列车拥有这么快的速度呢？

原来是因为列车安装了磁体，而轨道安装了同极磁体。它利用磁体"同极相斥，异极相吸"的原理使自己完全脱离轨道，悬浮在距离轨道约 10 毫米的上方行驶，大大降低了铁轨的阻力，所以才这么快。

26 铁针也可以变成磁体吗

🔍 磁化

阅读日期　　　年　月　日

磁化

一些没有磁性的物体是可以通过某些方法获得磁性的，比如与磁体摩擦，或通入电流。这种**使原来不具有磁性的物体获得磁性的过程叫作磁化**。

①一起来做个实验吧！你需要准备一块磁体和两根铁制大头针。

②首先，我们将两根大头针放在一起，观察它们的状态：没有变化。说明现在它们都没有磁性。

③接着，取其中一根大头针在磁体上摩擦片刻。

④瞧，这根在磁体上摩擦过的大头针把另一根大头针吸起来了。这便是磁化现象。

⑤被磁化后的大头针具有的磁性只是暂时的。将大头针加热后磁性就会消失。

磁化除了铁与磁体摩擦可以实现，还能通过电流实现。把一根导线缠绕成螺旋状的螺线管，然后把铁芯放入螺线管中，当导线通电时，铁芯会被螺线管的磁场磁化变成磁体，这就是电磁铁。

生活中，电磁铁的应用非常广泛，可以用来进行水下打捞作业，打捞起海底具有铁磁性的物质，如铁、钴、镍等金属及其制品。

我想知道得更多

现代生活，人们越来越离不开各种带有磁条的卡片，学生卡、交通卡、银行卡、身份证……

磁条有磁性才能工作，但是靠近强磁场很容易被消磁。那么，该如何预防呢？

我们可以采取隔离的方式，比如将这些有磁性的卡片放在防磁卡包的分层里。这样一来，外面强磁场的磁力减弱，就不会影响卡片的磁性了。

27 辨别方向的 "神器"

🔍 指南针

阅读日期　　　　年　　月　　日

指南针是我国古代四大发明之一，利用磁石的磁性制作而成。指南针的发明大大地推动了我国航海事业的发展。在指南针应用于航海之前，海上远航主要靠观测日月星辰来辨别方向。如果遇到阴雨天气，很容易迷失方向。指南针的出现，为航海者提供了可靠的全天候导航指南。我国在 11 世纪末开始把指南针应用于航海。

可以指南的仪器有很多。

罗盘　　　　　司南　　　　　指南针

小实验：自制简易指南针

1. 准备材料如下图所示。

针　　胶囊　　一碗水　　磁体

2. 将完好的胶囊拆开，倒掉里面的药物，然后合好。

3. 把针在磁体上朝一个方向摩擦，可以多摩擦几次。然后将大头针插进胶囊里，再放入盛有水的碗里。

自制指南针就做好了！

观察漂浮在水面上的大头针的朝向，此时你会发现它的一头朝南，一头朝北。

野外迷路如何辨别方向？

假如你在野外迷了路，身上没有手机、指南针等能辨别方向的东西，那么你可以借助大自然来辨别方向。

在山区迷路了，可以观察岩石。布满青苔、阴湿的一面是北，干燥光滑的一面为南。

如果迷路的地方有蚂蚁，可以观察蚂蚁洞口。多数情况下，蚂蚁洞口是朝南的。

也可以观察大树的枝叶。一般情况下，大树朝南的方向枝叶生长得比较茂盛，而稀疏一点的就是北面了。

夜晚迷路了，抬头找一找北极星，北极星所在的方向就是北方。寻找北极星的办法有很多，最简单的是先找到北斗七星。北斗七星像一把勺子，在勺口的前面有一颗最亮的星星，它就是北极星。

如果迷失方向的地方有河，可以看河的流向。我国大多数河流是自西向东流。

出汗

电风扇

热水杯

喝热水

篝火

第四章
热

什么是热？为什么大多数动物的身体是热的？盛有开水的水杯为什么会烫手？本章将解开这些谜题，带你进入奇妙的热世界！

"今天的天气好热呀！"

"好烫！"

"多喝热水！"

……

日常生活中，你是不是经常听到或说这样的话？

这些话中，都提到了一个字，那就是"热"！

日常生活中，我们所说的热通常是指一种感觉。

物理学上，分子运动越激烈，物体温度越高。也就是说，物体的温度来自分子运动。一切物质的分子都在不停地做无规则的运动，这种无规则的运动即为分子的热运动。

温度越高，分子热运动的速度越大，它们的动能就越大。

物质燃烧产生热。我们把正在产生热的物体称为热源！生活中，你知道哪些物质能产生热？

29 为什么我们的身体是热的

　　为什么我们的身体是热的呢？其实不只我们人，大多数动物的身体也是热的，这与身体内的器官活动有关。

　　身体内的器官将我们吃到胃里的食物分解成水、二氧化碳、蛋白质、糖类等物质，当这些物质被身体利用时，会产生热量，这些热量用来维持我们的体温。

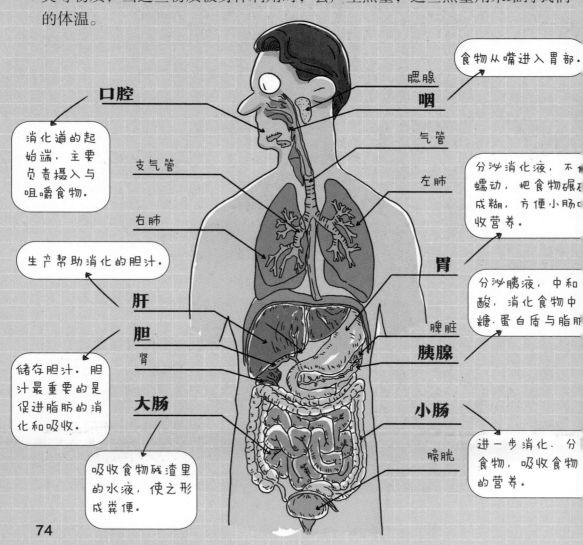

口腔
消化道的起始端，主要负责摄入与咀嚼食物。

食物从嘴进入胃部。

腮腺

咽

气管

支气管

左肺

右肺

分泌消化液，不停蠕动，把食物碾碎成糊，方便小肠吸收营养。

生产帮助消化的胆汁。

胃

肝

脾脏

胆

肾

分泌胰液，中和酸，消化食物中糖、蛋白质与脂肪。

储存胆汁。胆汁最重要的是促进脂肪的消化和吸收。

胰腺

大肠

小肠

吸收食物残渣里的水液，使之形成粪便。

膀胱

进一步消化、分食物，吸收食物的营养。

小实验：神奇的生石灰

冷冰冰的水，加上一些石头粉末（生石灰）就能产生很多的热。准备一个小烧杯（杯中盛有水）、一根玻璃棒、一些生石灰粉末和一个温度计试试吧！

1. 将温度计的底端浸入盛有水的小烧杯中。2分钟后，记录水的温度。

2. 取出温度计，用勺子往杯中添加3勺生石灰粉末。

3. 用玻璃棒将生石灰粉末搅拌均匀。

4. 将温度计的底端浸入盛有石灰水的小烧杯中。2分钟后，记录石灰水的温度。

注意： 本实验有一定的危险性，需要在爸爸妈妈的帮助下操作，同时做好相应的防护措施（比如戴上护目镜和橡胶手套）。

此时的水温是20.5℃。

此时的水温是45℃。

图1　图2　图3　图4

我想知道得更多

生石灰的主要成分是氧化钙，易吸收水分，所以零食等包装袋里面的干燥剂常用到它。但是，生石灰遇水会产生很多热量，如果人直接接触，会被严重烫伤，所以对待它要特别小心，不能食用、不能用手触摸。

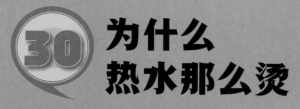

铁勺在煮饭的锅里放久了，勺柄会变得很烫；水杯里倒进热水，杯壁变得很烫；用铁叉子烤肉时，时间一长，把手变得非常热；做饭时，火明明烧的是锅，锅里的肉为什么能被煮熟？

这些现象都与传热有关。

热勺柄

热玻璃杯

烤肉

蒸锅

什么是传热？

传热是指由于温度差引起的能量转移，又称热传递。传热的前提是存在温度差。

热传递有热传导、热对流和热辐射三种方式。在实际的传热过程中，这三种方式往往是伴随着进行的。

热传导   热对流   热辐射

热传导

热传导是热量从高温处向低温处转移的过程。原理是物体高温部分的分子热运动能量大，低温部分的分子热运动能量小，通过分子间的互相撞击，能量从高温部分传到低温部分。热传导可以发生在固体、液体和气体中，只不过我们把在固体中的热传导叫作纯粹的热传导。在液体或气体中，热对流和热传导同时发生。

生活中，把铁棒放在火上烧，没有烧到的手柄部分也会非常烫，就是热传导现象。

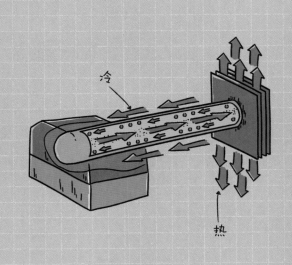

冷

热

热   冷

热对流

热对流是指在流体中，质点发生相对位移而引起的热量传递。

造成对流的原因是热空气比同体积的冷空气轻，会上升，周围较冷的空气流动过来占据之前热空气的位置，这样就形成了热空气上升、冷空气下降的相对流动。

热辐射

物体由于有温度而辐射电磁波，这种现象叫作热辐射。因为电磁波的传播无须任何介质，所以热辐射是真空中唯一的传热方式。

生活中，我们在篝火、火炉、浴霸灯旁会有灼热感，也是因为热辐射。

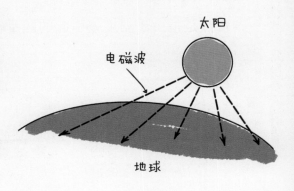

太阳

电磁波

地球

31 善于传热的物体是什么

不同的物体具有不同的传导热的能力，人们把善于传热的物质叫作热的良导体，把不善于传热的物质叫作热的不良导体。

金属是热的良导体，所以我们用金属壶烧水时，壶壁会非常烫。为防止烫伤，人们在壶的顶端或两侧加上木制或橡胶制的手柄，这是因为木材和橡胶均是热的不良导体。

橡胶，热的不良导体

铁，热的良导体

我想知道得更多

寒冷的冬天，我们穿棉衣来御寒，这是因为棉衣属于热的不良导体，能够很好地防止身体热量的散失。

房子墙壁外侧的保温层常由泡沫板等物质组成，它们均属于热的不良导体，能起到很好的保温效果。

裹上毛巾、盖上盖子，为什么可以保温？

正常室温 25 ℃下，倒两杯热水，其中一个用盖子盖好并用毛巾裹住。另一个打开盖子，不做任何包裹措施。30 分钟后，试一试两杯水的温度。你会发现，没有包裹的杯子里的水已经凉了，而被包裹的杯子里的水还是温的。

为什么杯子裹上毛巾、盖上盖子可以保温呢？原来是毛巾和盖子阻挡了热的传导。

盖子

毛巾

小实验：掉下来的豆子

1. 分别在四根棒的一端用凡士林粘上一粒黄豆，见图1。

2. 往水杯内倒入开水，见图2。

3. 将四根粘有黄豆的不同棒放入水杯中，观察哪根棒上的黄豆会掉下来，见图3、图4。

准备材料：
四根长短粗细一样的铁棒、木棒、玻璃棒、塑料棒，四粒黄豆，一个水杯，一些凡士林（有黏性，遇热会融化）。

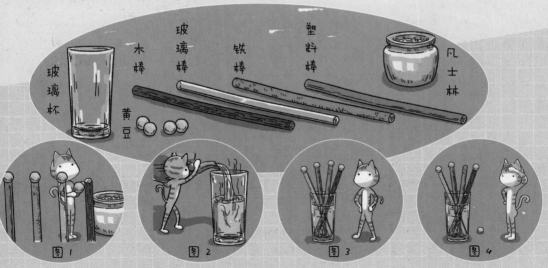

图1　图2　图3　图4

实验结论：过段时间，能看到铁棒上的黄豆最先掉下来，而其他棒上的黄豆很难掉下。这说明铁棒是热的良导体，而木棒、塑料棒、玻璃棒均是热的不良导体。铁棒上的凡士林最先融化，因此，黄豆最先掉下来。

32 洒水车为什么要洒水

🔍 热胀冷缩

阅读日期　　　　　　　年　月　日

什么是热胀冷缩?

热胀冷缩是指,一般情况下,物体受热时膨胀、遇冷时收缩的特性。

夏天,洒水车为什么要给路面洒水呢?

这是因为夏天路面温度太高,会受热膨胀,有可能发生损坏。而洒水可以起到降温的效果,温度下降,膨胀的路面缩回。

日常生活中，热胀冷缩的现象非常多：夏天充满气的自行车轮胎容易爆胎；玻璃体温计受热示数上升；高压电线夏天很松，容易往下掉，冬天则绷得较紧。

夏天自行车车胎容易爆炸

体温计受热

高压电线冬天紧绷

生活小技巧

瓶盖不容易拧开？把它放在热水里浸一会儿再拧就轻松多了！

煮熟的鸡蛋不容易剥壳？把它放在冷水里浸一会儿再剥就容易很多。

不小心踩扁的乒乓球拿热水烫一烫就鼓起来了！

打开瓶盖的方法。

鸡蛋剥壳。

乒乓球恢复原样！

小实验一：气体的热胀冷缩

1. 将气球吹起并扎紧扎口。

2. 将吹起来的气球放在水杯口，观察水杯及气球：两者并无联系。

准备材料：
气球、纸片、水杯、打火机。

3. 点燃纸片，放入杯中。

4. 等纸片熄灭后再将气球放在杯口，停留片刻，观察气球：能看到气球被水杯吸进去一部分。如果提起气球，水杯也一同被提起来了！

图1

图2

图3

图4

实验原理： 这是因为纸片在杯中燃烧时，会使杯内的空气温度升高，杯内的空气膨胀出一部分。这时用气球封住杯口，一段时间后杯内空气冷却收缩，从而吸住气球。

小实验二： 液体的热胀冷缩实验

1. 将温度计放入热水中，观察温度计内液体的变化：液面上升。

2. 将温度计放入冰水中，观察温度计内液体的变化：液面下降。

准备材料：
一杯热水、一杯冰水、一支温度计。

热水　　　冰水

小实验三： 固体的热胀冷缩实验

1. 把铁球放在铁环上，观察铁球：此时铁球刚能通过铁环。

2. 点燃酒精灯或蜡烛，给铁球加热。

3. 将加热后的铁球再放在铁环上，此时铁球不能通过铁环。

4. 将铁球放入冷水中。

5. 冷却后的铁球再放在铁环上，铁球能通过铁环了！

准备材料：
一杯冷水、一盏酒精灯或一根蜡烛、一个铁球、一个铁环。

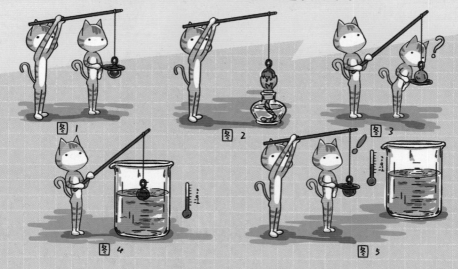

图1　　　图2　　　图3

图4　　　图5

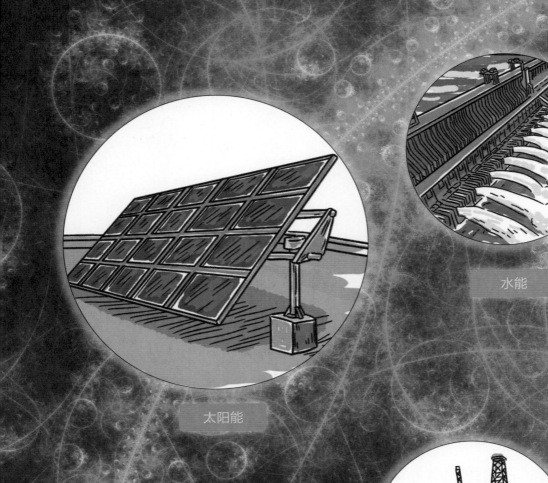

水能

太阳能

煤

石油

电能

第五章
能量与能源

什么是能量？什么是能源？其实，在认识声音、光、电、磁、热的时候，我们就已经见过它们了！

天然气

能量的表现形式：声音、光、电、磁、热，等等。

能够提供能量的资源叫能源。

能量的形式

电闪雷鸣、风起云涌、惊涛骇浪……大自然和生活中能量以多种形式存在着，如光能、风能、水能、电能、机械能、核能、磁能、热能（也叫内能）、声能等。

光能　　　风能　　　水能　　　电能

机械能　　核能　　　磁能　　　热能　　　声能

能量的转换

水坝利用水来发电，是把水能转换成电能来为人类服务的。而当我们打开灯的一瞬间，电能转换成光能，房间就亮起来了。

水坝

夜晚

86

能量的储存

你一定见过电池，虽然它的样子千变万化！电池里面储存有化学能，使用电池的时候，化学能转化成电能。电池放电到一定程度，经充电能复原续用的称为"蓄电池"，如手机、笔记本电脑中使用的锂离子电池；不能复原续用的称为"原电池"，如手电筒、遥控器中常用的干电池。

干电池

手机电池

充电宝

蓄电池

人体也能储存能量。

当我们通过吃食物获取的能量大于消耗的能量时，多余的能量就会以脂肪的形式储存在体内。时间久了，身体就胖起来了！

动物也能储存能量。骆驼之所以能在沙漠中几天不吃不喝，是因为骆驼体内储存着大量的能量。

做饭、取暖要用天然气、煤（化石能源）；汽车、飞机行驶要加油（化石能源）；生产纸张要用木材（生物能源）……

可以肯定地说，我们的生活离不开能源。

天然气

汽油

木材

你发现了吗？有些能源越用越少，比如煤、天然气、石油。像这种用一点就少一点，**短时间内不能再生的能源，叫作不可再生能源。**

以前挖出的煤堆积如山。

现在，煤坑越挖越深。

有些能源取之不尽，用之不竭，我们就把它们叫作可再生能源，比如水能、风能、太阳能、生物能、地热能、海洋能等。

风能

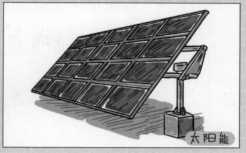
太阳能

不可再生能源越用越少，因此科学家一直在寻找和开发可再生能源。

地球陆地面积大约占地球总面积的 29.2%，而海洋占 70.8%，海洋有着丰富的可再生能源——潮汐能、波浪能、风能等。而且海洋还蕴含丰富的资源，只要合理利用，它将是人类"取之不尽，用之不竭"的宝库。

35 煤、石油、天然气是怎样形成的

🔍 化石能源   阅读日期   年   月   日

化石能源是不可再生能源，也是现代生活不可缺少的燃料，主要包括煤、石油、天然气等。

一般来说，石油和天然气是古代海洋或湖泊中的大量植物和动物死亡后，深埋在地下变成的。煤炭则是千百万年来，堆积在地面的植物的枝叶和根茎，由于地壳的变动不断地被埋入地下而最终形成的。

焦炭
（冶金工业）

煤气
（燃料）

煤焦油
（化工原料）

粗氨水
（化肥）

煤，也叫煤炭，是世界上最古老的化石燃料之一，被称为"工业的粮食"。

把煤隔绝空气加热，它会分解成很多有用的物质。比如在冶金工业中的焦炭、化工燃料中的煤焦油、化肥中的粗氨水、燃料中的煤气等。

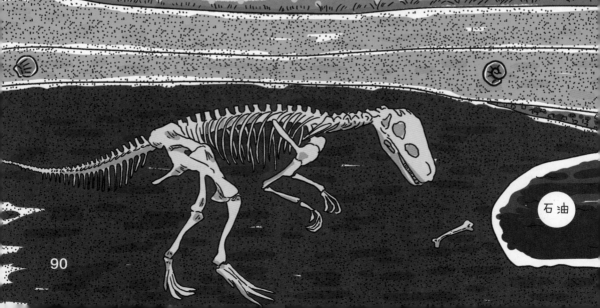

石油

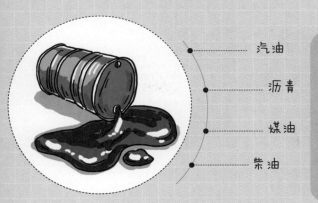

汽油

沥青

煤油

柴油

石油被誉为"工业的血液"。

从油井中开采出来的石油叫作原油，是一种黏稠状液体。将石油加热炼制，可得到不同的产品，如汽油、沥青、煤油、柴油等。

天然气的主要成分是甲烷，点燃之后火焰呈蓝色。

天然气原本没有气味，那种臭臭的味道是人为添加的，目的是方便居民根据气味判断天然气有没有发生泄漏。

没有气味

蓝色火焰

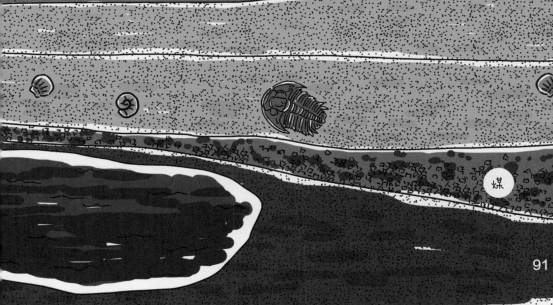

煤

能源和环境有着密切的联系。人类在获取能源的过程中，会改变原有的自然环境或产生大量的废弃物，如果处理不当，就会破坏、污染环境。

例如：我们目前使用的纸大多是由树木制造的，不加节制地砍伐森林，不仅让该地的动物失去家园，还极易造成水土流失。

工厂大量燃烧化石燃料，不仅污染大气，产生的废水还会污染河流，导致住在河流周边的居民患上各种疾病。

森林被砍伐

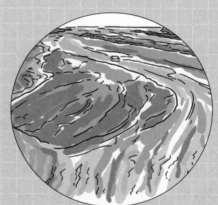
水土流失

工厂排放废气

废水被排入河流

垃圾的处理方式有多种，因为成本和技术问题，在科技发展初期主要选择深埋或焚烧垃圾。

焚烧垃圾不仅污染空气，还极易引起火灾。而深埋垃圾主要是利用大自然的力量将垃圾分解掉。但是现在人类产生的一些垃圾很难被分解，如塑料瓶、塑料袋、玻璃瓶等，埋到地下后百年不腐。废电池更是会对周围的土壤造成重金属污染。

焚烧垃圾　　　　　　　　　　　　　　深埋垃圾

生活中还有乱扔垃圾的现象，一些动物不小心接触到这些垃圾，备受其害。

乱扔垃圾对动物的影响

有些石油藏在大海里，开采石油的工作者稍加疏忽，就会造成石油泄漏。

泄漏后的石油浮在海面上，严重威胁海洋生物的生命。

石油泄漏

节约能源

阅读日期　　　　年　月　日

能源的利用要考虑可持续发展，既要满足当代人的需要，又要考虑我们的子孙有能源可用，可用的能源不会污染环境。

比如：现在我们主要是用化石能源发电，不仅严重污染环境，而且化石能源越用越少。所以要研究新型发电方式：水力发电、风力发电等。因为水能、风能都是清洁能源，是可再生能源。

江河水流一泻千里，蕴藏着巨大能量，把天然水能加以开发利用转化为电能，就是水力发电。

利用风力让风车叶片旋转，使发电机发电，这就是风力发电。

科学家在努力研究新的能源，作为个人，我们可以做什么呢？

日常生活中，我们可以节约能源，爱护环境，从身边的小事做起。比如节约用水，水龙头用完要关紧，洗衣服用过的水也可以用来冲马桶等。

增强节能意识，让越来越多的人爱护环境。比如，学会正确投放可回收垃圾与不可回收垃圾。

只要人人都有节约能源的意识，加上科学家们的努力，相信我们的空气会变好，我们的生活环境会得到优化，我们的地球会更加和谐。

物理名词对照表

B

不可再生能源 /88

化石能源、核能等能源会越用越少，不能在短期内从自然界得到补充，这类能源称为不可再生能源。

C

超声波 /18

人能感受的声音频率有一定的范围，为 20 赫到 20 000 赫。人们把高于 20 000 赫的声音叫作超声波。

磁化 /64

一些物体在磁体或电流的作用下会获得磁性，这种现象叫作磁化。

磁极 /60

磁体能够吸引铁、钴、镍等物质，它的吸引能力最强的两个部位叫作磁极。

磁体 /56

具有磁性的物体。天然磁体通称"磁石"，人造磁体常制成条形或马蹄形，称"条形磁体"或"马蹄形磁体"。

磁性 /57

磁体能吸引铁、镍、钴等金属的性质。

次声波 /20

频率低于 20 赫的声音叫作次声波。

D

电 /34

有电荷存在和电荷变化的现象。电是一种很重要的能源，广泛用于生产和生活各方面。

电磁铁 /65

如果把一根导线绕成螺线管，再在螺线管内插入铁芯，当有电流通过时，它会有较强的磁性，即电磁铁。

电路 /46

电源、用电器，再加上导线，往往还有开关，组成的电流可以流过的路径。

电能 /44

电做功的能力。有各种形式，例如直流电能、交流工频电能和高频电能等。可用于动力、照明、冶炼、电镀、电热、通信等方面。

电子 /34

在原子核的周围，有一定数目的电子在核外运动。

电阻 /50

在物理学中，用电阻来表示导体对电流阻碍作用的大小。

短路 /49

直接用导线将电源的正、负极连接起来，这种情况叫作短路。

断路 /49

电路中如果某处被切断，就不会有电流流过，这种情况叫作断路。

F

风能 /44

因空气流动所产生的动能，可用来驱动机械、发电等，是一种无污染、可再生的绿色能源。风能有利用价值的最低平均风速要达到 6 米 / 秒。

G

共振 /21

两个振动频率相同的物体，一个发生振动时，引起另一个物体的振动。

光能 /45

光所具有的能。

H

毫安 /52

毫安用字母 mA 表示。1 000 毫安等于 1 安培。

核能 /86

质量较大的原子核发生分裂或者质量较小的原子核互相结合，就有可能释放出惊人的能量，这就是核能。

化石能源 /90

煤、石油、天然气等，是千百万年前埋在地下的动物、植物经过漫长的地质年代形成的，所以称为化石能源。

回声 /22

反射或散射回来而能同直达声（或原发声）相区别的声音。

J

机械能 /86

与机械运动相应的能量。包括动能和势能。

介质 /8

声介质是指能够传播声音的介质，如气体、液体和固体。

K

开关 /46

电器装置上接通和截断电路的设备，也叫作"电门"。

可燃物 /26

能与空气中的氧气或其他氧化剂起燃烧化学反应的物质。

可再生能源 /89

像风能、水能、太阳能等可以在自然界循环再生的能源。

N

能量 /86

表示物体做功能力大小的物理量，可分为动能、势能、热能、电能、光能、化学能、核能等。单位是焦耳。

P

频率 /16

物理学中用每秒内振动的次数——频率来描述物体振动的快慢。

R

热传导 /77

物质系统（气体、液体、固体）由于内部各处温度不同而引起的热量从温度较高处向温度较低处转移的现象。是传热的一种基本方式，也是固体中传热的主要方式。

热对流 /77

流体（液体或气体）通过自身各部分物质的相对流动传递热量的一种过程。是传热的一种基本方式。

热辐射 /77

物体因具有温度而向外发射热射线的现象。是传热的一种基本方式。任何物体只要温度高于绝对零度，就能辐射电磁波。

热能 /86

能量的一种形式，是内能的一部分。从微观来看，热能是构成物质系统的粒子，如分子、原子等无规则热运动的动能。物质系统热能的增加引起温度升高。

T

太阳能 /89

太阳是人类能源的宝库，人们直接利用太阳能的方式主要是用集热器把水等物质加热、用太阳能电池把太阳能转化成电能。

通路 /49

正常接通的电路，即用电器能够工作的电路叫作通路。

X

响度 /14

声音的强弱叫作响度，也叫"音量"或"声量"。

消磁 /65

也叫"退磁"，指用高温等方法使磁体失去磁性。

消音 /12

也叫"消声"，指采取措施使声音消除或降低。

Y

音调 /16

声音的高低叫作音调。

音色 /17

不同的物体发出的声音不同，即每种声音有自己的个性和特色。

乐音 /24

悠扬、悦耳，听到时感到非常舒服的声音。

Z

噪声 /24

杂乱的、令人心烦意乱的声音。

着火点 /26

也叫"闪火点"。可燃性液体表面上的蒸气和周围空气的混合物与火接触，初次出现蓝色火焰闪光时的温度。当发生的火焰能开始继续燃着且燃烧时间不少于5秒时的温度，称"燃点"。

真空 /10

通常指压强远小于 10^5 帕的气态空间。一般称压强大于 10^{-1} 帕的低压空间为"低真空"，$10^{-1} \sim 10^{-6}$ 帕为"高真空"，小于 10^{-6} 帕为"超高真空"。

振动 /4

物体往复经过平衡位置的变化过程。

振幅 /15

物理学中，用振幅来描述物体振动的幅度。物体振动的幅度越大，产生声音的响度越大。

质子 /34

原子核的组成粒子之一，带正电，电量与电子所带电量相同。质子的质量为电子质量的1 836倍。

中子 /34

原子核的组成粒子之一，不带电，质量为电子质量的1 838.68倍。单独存在时不稳定，经过约15.25分钟（平均寿命）后，就衰变为质子、电子和反中微子。